发电企业安全监察图册系列

# 发电厂煤场区域安全监察图册

国家能源投资集团有限责任公司　编

应 急 管 理 出 版 社

·北　京·

图书在版编目（CIP）数据

发电厂煤场区域安全监察图册／国家能源投资集团
有限责任公司编 . －－北京：应急管理出版社，2020
（发电企业安全监察图册系列）
ISBN 978－7－5020－8317－5

Ⅰ . ①发… Ⅱ . ①国… Ⅲ . ①燃煤发电厂—安全监
察—图集 Ⅳ . ①TM62－64

中国版本图书馆 CIP 数据核字（2020）第 181796 号

**发电厂煤场区域安全监察图册**（发电企业安全监察图册系列）

| | |
|---|---|
| 编　　者 | 国家能源投资集团有限责任公司 |
| 责任编辑 | 闫　非　刘晓天　张　成 |
| 责任校对 | 孔青青 |
| 封面设计 | 于春颖 |

出版发行　应急管理出版社（北京市朝阳区芍药居 35 号　100029）
电　　话　010－84657898（总编室）　010－84657880（读者服务部）
网　　址　www. cciph. com. cn
印　　刷　中煤（北京）印务有限公司
经　　销　全国新华书店

开　　本　787mm×1092mm$^{1}/_{16}$　印张　4　字数　65 千字
版　　次　2020 年 12 月第 1 版　2020 年 12 月第 1 次印刷
社内编号　20200909　　　　　　定价　32.00 元

# 《发电厂煤场区域安全监察图册》
# 编　写　组

主　　编　　刘国跃
副 主 编　　赵岫华　康　龙　郭　焘　杨希刚　张艳亮
编写人员　　徐小波　付　昱　唐茂林　甘超齐　王忠宝　高春富　祁　镭
　　　　　　畅学辉　罗寄峰　莫　剑　何金起　刘海军　金太山　程通京

# 前　　言

为认真贯彻"安全第一、预防为主、综合治理"的安全生产方针，落实企业安全生产主体责任，规范履行安全监察监管责任，构建安全风险分级管控和隐患排查治理双重预防机制，国家能源投资集团有限责任公司组织编制了《发电企业安全监察图册系列》。

《发电厂煤场区域安全监察图册》是《发电企业安全监察图册系列》的一种。本图册以国家能源投资集团有限责任公司所属国华台山发电公司为标准示范和编写的依托单位。图册严格依据国家、行业以及集团有关规定，充分结合多年来发电企业煤场区域安全管理经验，规范指导发电厂煤场区域设备设施、安全设施、运行维护、应急管理等工作。国家能源投资集团有限责任公司多次组织电力行业有关专家开展论证会，对本图册编写内容进行评审修订。本图册可作为发电企业各级领导、安全管理人员对发电厂煤场区域安全管理的工具用书，也可作为指导、监督、检查的标准规范。

由于编写人员水平有限，编写时间仓促，书中难免有不足之处，真诚希望广大读者批评指正。

编　者

2020 年 7 月

# 编　制　依　据

《建筑设计防火规范》（GB 50016）

《消防炮》（GB 19156）

《电力工程电缆设计标准》（GB 50217）

《工业企业总平面设计规范》（GB 50187）

《大中型火力发电厂设计规范》（GB 50660）

《火灾自动报警系统设计规范》（GB 50116）

《电业安全工作规程　第 1 部分：热力和机械》（GB 26164.1）

《电力设备典型消防规程》（DL 5027）

《火力发电厂总图运输设计规范》（DL/T 5032）

《火力发电企业生产安全设施配置》（DL/T 1123）

《电力建设安全工作规程　第 1 部分：火力发电》（DL 5009.1）

《火力发电厂运煤设计技术规程　第 1 部分：运煤系统》（DL/T 5187.1）

国家能源投资集团有限公司相关制度、有关规定

# 目　　　　录

# 第 一 章 总 体 布 局

## 一、总平面布置

发电厂储煤场主要有条形煤场、圆形煤罐和筒仓 3 种形式，条形煤场有露天煤场、干煤棚、封闭煤场等形式。

圆形煤罐　条形煤场干煤棚　条形露天煤场

筒仓

条形封闭煤场

## 二、条形煤场区

（1）干煤棚跨度不大于 45 m 时，应采用钢筋混凝土排架、钢屋架结构；跨度大于 45 m 时，应采用网架结构或门式钢架结构。

（2）干煤棚柱间有推煤机通过时，柱距不宜小于 7 m。

网架结构

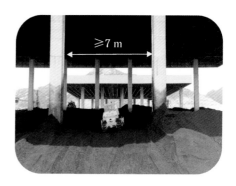

干煤棚棚架结构              干煤棚棚架结构              干煤棚柱距

（3）所有轨道移动式设备的运行轨道两端均应设限位开关和止挡器。止挡器的位置应保证限位开关动作后大车有不小于 2 m 的滑行距离。轨道式煤场设备必须装设有夹轨器和锚定装置，沿海地区还应设有防风系统装置。

夹轨器

防台风锚定架

锚定装置

止挡器　　　限位开关

（4）悬臂式斗轮堆取料机的轨面应高于煤场地坪 1.0 ~ 2.5 m。

（5）煤场的地面应根据煤场地质条件做适当处理，并考虑排水措施。

（6）排水沟至煤堆边缘的距离宜为 3 ~ 5 m。

（7）堆取料机轨道外侧应有宽度不小于 1.5 m 的通道。

（8）露天煤场两侧宜设 1.0 ~ 1.5 m 高的挡煤墙，挡煤墙的设置应便于推煤机的运行。

排水沟

距离要求

挡煤墙

距离要求

（9）目前露天贮煤场的防尘措施主要是设置防风抑尘网或将煤场封闭，可根据环保要求设置。

防风抑尘网

## 三、圆形煤场区

（1）对于全回转式的圆形煤场，其动力电源及控制信号采用环形滑线接触方式供电。滑接触线宜优先采用带封闭外壳的安全滑接输电装置。

（2）封闭式室内贮煤场应设置通风和灭火装置。

滑线接触箱     通风口   通风帽   洒水器   消防炮

（3）不论是露天还是封闭的圆形煤场，只要是堆料采用无变幅机构，均应设置抑尘措施。

水除尘

水除尘

## 四、筒仓区

（1）筒仓应设置防爆门。

（2）筒仓应设置性能可靠的连续测量的料位计，料位计应在运煤控制室有显示。

（3）在严寒地区建造的筒仓，漏斗部分应采取防冻措施。

  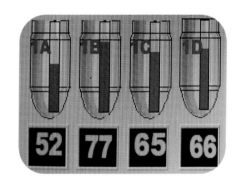

防爆门　　　　　　　　　　　　料位计　　　　　　　　　控制室料位计显示

**五、煤场道路及出入口**

（1）煤场四周应设推煤机等地面移动设备的通道和消防通道。

（2）煤场内主干道宜设置限速为 30 km/h 的限速标志牌；其他道路宜设置限速为 20 km/h 的限速标志牌；道路道口、交叉口、人行稠密地段，宜设置限速为 15 km/h 的限速标志牌；进入生产厂房门口和生产现场的道路入口，宜设置限速为 5 km/h 的限速标志牌。

（3）圆形煤场应设有车辆进出的通道。当煤场为封闭的室内结构时，应留有车辆进出的大门。

　　　　限速标志　　　　　　　　　　圆形煤场大门　　　　　　　　　煤场大门

## 六、综合管线

（1）煤场区域应设置喷淋水、冲洗水和消防水。

（2）煤场应设有适当的防尘措施。煤场应设置能覆盖全部煤堆的洒水系统，洒水系统的布置不应妨碍煤场设备的正常运行。

冲洗　　　　　　消火栓　　　　　喷淋

# 第二章　设　备　设　施

## 一、翻车机

（1）翻车机及调车系统应设置独立的控制室。在地面的适当位置应设就地按钮。控制室内及各值班点应设置相互联系的灯光和音响信号。

（2）翻车机室应设置湿式抑尘装置或其他除尘设备。

（3）迁车台基坑边缘距翻车机室外墙面的距离应符合相关设备的作业要求，最小距离不应小于1.5 m。

控制室

抑尘装置

迁车台

二、卸煤槽

（1）煤槽上部建筑宜为半封闭结构，必要时可加设雨披。

（2）普通载重汽车和后翻式自卸车的煤槽上部建筑跨度宜为 15 m，侧翻时自卸汽车上部建筑跨度应根据煤槽上口宽度并考虑飘雨面积进行设计。

（3）煤槽上口应设置振动平煤箅或可拆卸的固定煤箅。箅孔尺寸不宜大于 200 mm×200 mm。

半封闭结构

卸煤槽尺寸要求

### 三、圆管带式输送机及曲线落煤管

（1）圆管带式输送机圆管段的最大倾斜角度不宜大于 27°。

（2）圆管带式输送机栈桥宜设置设备安装和检修的道路。

（3）曲线落煤管与水平面的倾斜角不宜小于 60°，布置困难时不应小于 55°。

（4）曲线落煤管应有支、吊措施，保证由坚固的结构件承受荷重并便于拆装。

（5）曲线落煤管的接头法兰应采取密封措施。

圆管带式输送机

曲线落煤管

## 四、圆形堆取料机

（1）所有轨道移动式设备的运行轨道两端均应设限位开关和止挡器。止挡器的位置应保证限位开关动作后大车有不小于 2 m 的滑行距离。沿环形轨道应设置若干对锚固座，锚固座的基础应与大车轨道基础成为整体。

（2）在大车行走轨道合适位置的钢轨两侧对称设置千斤顶的基础。

（3）煤场设备的堆取料机构应与输出的带式输送机设有连锁，司机室与主系统集中控制室之间应有通信和信号联系。

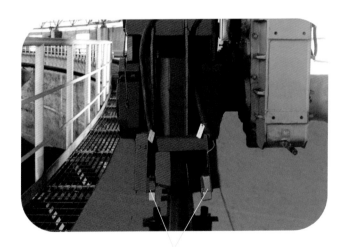

限位开关

圆形堆取料机全景图

### 五、斗轮堆取料机

（1）堆取料机机上带式输送机应与地面带式输送机连锁。司机室与运煤系统集中控制室之间应有通信和信号联系。

（2）轨道式煤场设备为大型移动设备，为运行安全，不论煤场是否露天布置，都应装有夹轨器和锚定装置。

（3）堆取料机轨道外侧应有宽度不小于 1.5 m 的通道。

（4）将动力电缆和控制电缆地面接线箱置于轨道内侧可避免被坍塌的煤堆埋没。

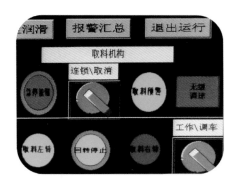
连锁建立/连锁取消

动力电缆    锚定装置

夹轨器

### 六、活化给煤机

（1）活化给煤机应设置有锁煤调节装置，能适用多种黏度、颗粒度、含水量、含杂质量的原煤。

（2）活化给煤机的进料斗上口与相应料仓的下口固定，出料下口与带式输送机导料槽固定。

（3）布置活化给煤机时应考虑设备检修所需空间。活化给煤机的激振体上方宜设置检修起吊装置，起吊载荷依据给煤机型号而定。

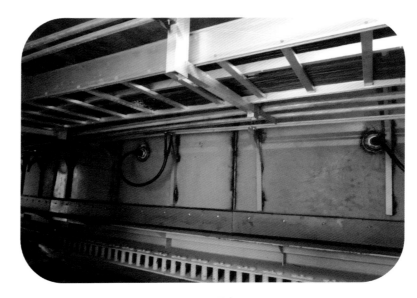

活化给煤机

**七、煤场车辆**

（1）煤场辅助机械主要有：履带式推土机、轮胎式推土机、推扒机、挖掘机和轮式装载机等。

（2）煤场辅助机械应承担的作业包括：推煤，取煤，整形，压实煤堆，对煤堆表面喷洒覆盖剂，处理自燃等。

推土机

推扒机

挖掘机

装载机

发电厂煤场区域安全监察图册

## 八、煤场喷淋及煤场照明

（1）煤场设计应有适当的防尘措施。堆煤作业可采取降低落煤高度和喷水抑尘等措施。

（2）煤场应设置能覆盖全部煤堆的洒水系统，洒水系统的布置不应妨碍煤场设备的正常运行。

（3）煤场应配置用于机车作业、员工操作、煤场车辆作业及机械维修的照明设施。

（4）煤场照明应在满足使用要求的同时，达到节能减排的要求。

（5）设计时应考虑维修方便、运行安全可靠等特点，临海范围还应考虑防腐蚀功能。

喷淋阀门　　喷淋装置

煤场照明

**九、煤场视频监控**

（1）运煤系统应配置工业电视作为辅助监控系统，对运煤系统沿线设备进行全面监控。

（2）工业电视辅助监控系统在运煤控制室内可设置 2~6 个监视器，也可采用多媒体功能实现图像监视。

（3）工业电视摄像头应根据运煤系统现场实际情况配置。监视固定目标的摄像机宜选用定焦距、高清晰度、低照度黑白/彩色一体化摄像机；煤场等室外大范围监视区域宜选用电动可变焦距黑白/彩色一体化摄像机。摄像机应配置全天候防护罩，具有防尘、防水、防腐蚀、恒温功能。

彩色变焦摄像头

## 十、含煤废水处理系统

含煤废水应设置独立的收集系统并进行处理，处理后宜回用到输煤冲洗系统。

含煤废水沉淀

废水处理药剂配置

清水池

混凝剂罐　　废水处理

# 第三章　安　全　设　施

## 一、温度监测

当贮存高挥发分、易自燃煤种时，可设置温度监控装置。

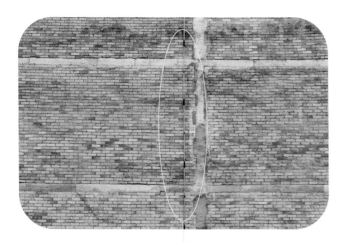

测温装置

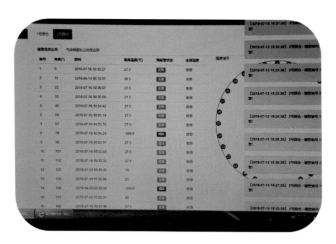

温度监控系统

## 二、气体烟雾粉尘监测

（1）每个圆形煤场操作室附近和地下廊道至少应安装 1 套有毒气体 CO 和可燃气体 $CH_4$ 的气体监测系统，用于监测 CO 和 $CH_4$ 浓度。当检测传感器发生报警时，操作人员采取防护措施及时撤离工作场所，防止意外发生。

（2）封闭煤场还应安装粉尘监测设备，监测环境粉尘浓度，防止意外事件发生。

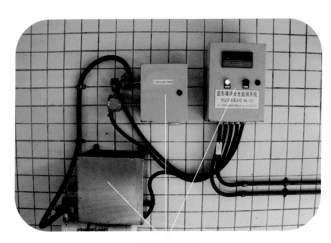

粉尘探测器

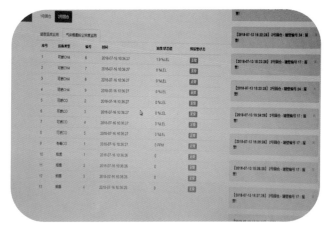

气体监控系统

三、明火煤监测

（1）出煤场的第一条皮带应安装明火煤监测装置。

（2）明火煤监测装置应能实时监测皮带上的煤温，结合报警阈值设定，提醒运行人员及时采取措施。

（3）明火煤监测装置在监测到明火煤后，应能联动消防水采取灭火和降温措施，并辅助报警。

明火煤监测装置

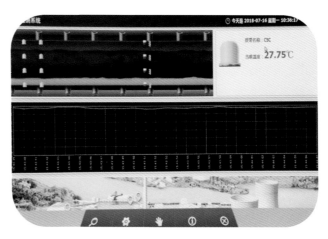

明火煤监控系统

# 第四章 消 防 设 施

电缆桥架　　　消防、冲洗水管道

## 一、煤场防火要求

（1）煤场的地下，禁止敷设电缆、蒸汽管道和易燃、可燃液体及可燃气体管道。

（2）原煤应成型堆放，不同品种的原煤应分别堆放。若需长期堆放的原煤，应分层压实，堆放时间视地区气温而定。

（3）易自燃的高挥发分煤不宜长期堆存，必须堆存时，应有防止自燃的措施，并经常检查煤堆内的温度。当温度升高到 60 ℃以上时，应查明原因并立即采取措施。

（4）煤场内煤堆着火时应用水扑救。

## 二、消防炮

（1）封闭式室内煤场应设置通风和灭火设施，设置感温探测器和消防水炮。

（2）消防炮应采用耐腐蚀材料制造或其材料经防腐蚀处理，使其满足相应使用环境和介质的防腐要求。

（3）消防炮的俯仰回转机构、水平回转机构、各控制手柄（轮）应操作灵活，传动机构安全可靠。消防炮的俯仰回转机构应具有自锁功能或设锁紧装置。

机械操作手柄

俯仰回转机构    水平回转机构    消防炮阀门

### 三、消火栓

（1）燃煤、燃机发电厂应设置消防给水系统和室内、外消火栓。

（2）煤场应配备足够的消防用水。

（3）寒冷地区容易冻结和可能出现沉降地区的消防水系统等设施应有防冻和防沉降措施。

（4）室内消火栓箱体前面部位应标注"消火栓"、火警电话、厂内火警电话及编号等。

（5）地上、地下消火栓标志牌应固定在距离消火栓 1 m 的范围内，并不应影响消火栓的使用。标志牌应固定在标志杆上，标志杆的高度宜设为 1.2 m。

火险报警电话　　　　　　　　　消火栓

地上消火栓　　　　　　消火栓指示牌

**四、灭火器**

（1）各类发电厂和变电站的建（构）筑物、设备应按照其火灾类别及危险等级配置移动灭火器。

（2）一个计算单元内配置的灭火器不得少于 2 具，每个设置点的灭火器不宜多于 5 具。

（3）灭火器应设置在位置明显和便于取用的地点，且不得影响安全疏散。

（4）灭火器箱不得上锁，灭火器箱前部应标注"灭火器箱"、火警电话、厂内火警电话、编号等信息，箱体正面和灭火器设置点附近的墙面上应设置指示灭火器位置的固定标志牌，并宜采用发光标志。

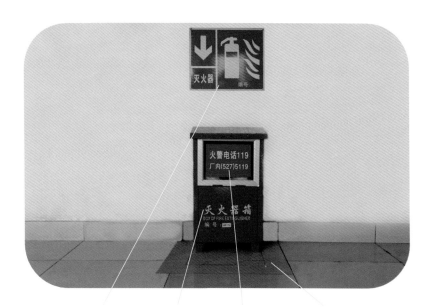

灭火器指示牌　　灭火器箱　　火警报警电话　　灭火器箱定置线

27

## 五、煤场消防设施管理

（1）煤场区消火栓和灭火器每月检查一次，并填写检查记录表，发现消火栓箱及箱内设施损坏应及时修复，发现灭火器失效应及时更换。

（2）煤场区消防炮每季度进行一次定期试验。

（3）煤场区消火栓每半年进行一次放水试验。

（4）煤场区消防水系统阀门每半年进行一次检查润滑。

（5）单位应进行每日防火巡查，并确定巡查的人员、内容、部位和频次。

消火栓检查记录表

灭火器检查表

# 第五章　生　产　管　理

## 一、煤场管理

（1）应根据"烧旧存新"的原则，缩短储存期，防止煤堆自燃，减少热值损失。

（2）根据锅炉燃用要求，保证入炉煤品质的稳定性。不同品种的煤炭必须分隔堆放，单独计量进、耗、存，并设有标识牌。

（3）在取煤作业时斗轮机与推煤机配合安全作业距离不小于 3 m。

（4）如无特殊存煤要求，煤堆底边缘距煤场边留设至少 4 m 的消防通道。

（5）在进行堆煤作业时，为减少扬尘，轮斗与煤堆表面距离不宜过大。

消防通道

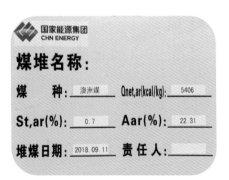

煤堆标识牌

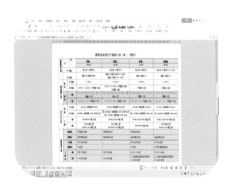

烧旧存新计划

（6）人工测温。测温点距：15～20 m，测温点深：0.5～1.5 m，如无特殊情况重点监测距煤堆底部0.5～2 m 范围内部位。

（7）对于罐型煤场，应重点加强罐壁侧煤堆温度监测。

（8）煤场机械作业时除杂人员不得在该煤堆进行除杂工作，清出的杂物应集中堆放在指定地点，并定期清理。

（9）输煤皮带上的除铁器要定期进行磁力测试，保证除铁效果。

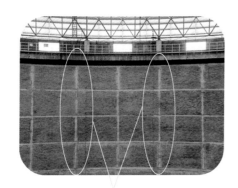

罐壁测温点

煤场除杂

测温枪　　　　　铜棒

## 二、斗轮堆取料机运行管理

（1）堆料时，应逐渐调整悬臂高度，避免因落差大造成粉尘飞扬。

（2）取料时，取料厚不宜超过轮斗直径的 2/3，以防止煤堆塌方埋住斗轮。

（3）斗轮机与推煤机混合作业时，必须保持 3 m 以上的安全距离。

（4）当阵风瞬时风速大于 13.8 m/s（6 级风）时，应停止斗轮机运行。

堆料作业

取料作业

### 三、圆形堆取料机运行管理

（1）堆料启动前必须确认堆料臂位置在指定堆料区域，堆料臂下方无人员及车辆作业，堆料过程中监护人员注意监视堆料机构和取料机构夹角大于设备规范规定的角度值。

（2）视线不清时停止取煤，如必须 V 形取料，则每层应预留 20 cm 边坡，防止煤堆形成陡坡坍塌。如刮板机被煤堆坍塌埋住，严禁强行起升刮板机，应视情况清理塌煤后方可起升刮板机。

堆料作业

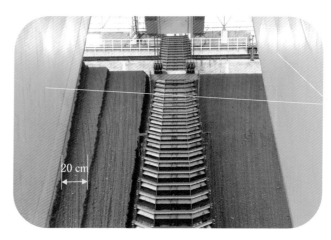

取料作业

**四、推煤机煤场作业管理**

（1）推煤过程中现场安排人员全程监护，防止人员进入推煤机作业范围发生车辆伤人。

（2）推煤机上下煤堆时，上煤坡道不准超过 35°。

（3）当煤堆需要进行平整和压实时，煤堆顶部宽度不宜小于 6 m，推煤机与煤堆边缘距离不小于 1.0 m。

（4）堆取煤时，应随时注意保持煤堆有一定的边坡，避免形成陡坡（不宜超过 60°），以防坍塌伤人。

作业监护

爬坡角度

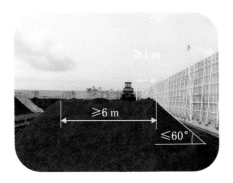

边坡及边距

**五、装载机煤场作业管理**

（1）装载机作业过程中现场安排人员全程监护，防止人员进入装载机作业范围发生车辆伤人。

（2）装载机不允许在煤堆顶部作业，以防车辆靠近煤堆边缘发生翻车。

（3）装载机作业过程中不允许急转弯，车速不能高于 2 挡，以防发生车辆侧翻。

作业监护

## 六、挖掘机煤场作业管理

（1）挖掘机作业过程中现场安排人员全程监护，防止其他人员进入挖掘机回转范围发生车辆伤人。

（2）挖掘机更换工作地点后，在开始作业前缓慢回转一圈，确保作业时不会碰到挡煤墙或其他设备。

（3）挖掘机在处理煤场高温煤时，应在作业点上风位置作业，避免煤堆高温产生的有害气体影响挖掘机作业。

风向

作业监护

**七、车辆安全管理**

（1）所有煤场车辆驾驶员必须经公安交管部门培训取得驾驶证且具有两年以上驾驶经验，并经发电厂交安委办公室培训考试合格取得内部准驾证。

（2）煤场车辆出车前应对车辆司机进行安全风险交底，检查司机人身安全风险分析预控本填写情况。

（3）车辆启动前检查车载灭火器是否安全有效。

（4）煤场车辆启动后检查车辆制动和转向是否灵敏，车辆声光报警是否正常。

内部考试取证　　　　　　　　　风险交底　　　　　员工人身安全风险分析预控本

# 第六章　检　修　维　护

## 一、斗轮堆取料机检修

（1）严格执行斗轮机定期维护标准、定期检修标准和巡点检标准，确保设备日常维护保养到位。

（2）斗轮机检修前，对作业项目、作业风险进行评估，制定施工方案和风险控制措施。

（3）根据斗轮机大修标准，开展设备大修（周期为5年），定期对设备的钢结构进行检验。

（4）对斗轮机各机构平台栏杆、制动器、夹轨器等防风设施、安全设施进行定期检查维护，确保设备运行安全。

（5）检修现场要保持清洁，检修工作完成后做到工完料尽场地清。

风险交底

圆形堆取料机检修

## 二、圆形堆取料机检修

（1）严格执行圆形堆取料机定期维护标准、定期检修标准和巡点检标准，确保设备日常维护保养到位。

（2）检修前要进行风险评估，制定作业方案，确保检修作业安全。

（3）根据圆形堆取料机大修标准，设备大修（周期为5年）时需要对设备的钢结构进行检验，以防止发生大型设备坍塌损坏事件。

（4）检修时要有防止机械伤害和高空坠落、高空落物的措施。

（5）检修现场要保持清洁，检修工作完成后做到工完料尽场地清。

**三、圆形煤罐及干煤棚修复**

（1）定期对圆形煤罐及干煤棚钢结构及保温板进行巡视、检查，发现缺陷及时处理，防止因大风天气导致缺陷扩大，影响设备设施安全。

（2）作业前要进行风险评估，制定高空作业安全措施。

（3）作业时要有防止机械伤害和高空坠落、高空落物的措施。

（4）核查作业人员特种作业证件以及安全工器具是否合格。

（5）作业过程中全程监护，确保高空作业安全措施落实到位，保证作业安全。

保护缓冲气垫

风险控制措施展板　　　安全交底

## 四、煤场车辆维护保养

（1）煤场车辆保养分为日常保养和定期保养。日常保养主要以检查为主，定期保养主要是更换车辆各个部位润滑油、滤清器和检查日常保养中无法检查的项目。

（2）煤场车辆定期保养周期分为 250 h 保养、500 h 保养、1000 h 保养和 2000 h 保养，不同车型不同周期保养项目严格按照该车辆使用说明书要求进行。

（3）煤场车辆维护保养结束应做好保养记录并存档。

车辆维护保养

维护保养记录

# 第七章    智 能 采 制 化

**一、智能采制化系统**

（1）系统采用设备自动控制、信息通信、物联网等技术，对燃料"计、采、制、化、存"验收各环节进行集中管控，实现采制设备自动化、化验数据数字化、燃料管理信息化、验收过程可视化的工作要求。

（2）对入厂煤、入炉煤采制化工作应执行同一工作标准，入厂煤采样、制样、化验、存样采用一体化布局，提高系统集成度，减少煤样传送环节。

（3）系统应实现视频监视系统、门禁系统和采样、制样、传输、存查、化验设备管控系统集中管理。

（4）在采、制、存、输等关键环节，要做到无人值守、无缝对接、实时监控，管控中心具备设备管控、视频监控、管理信息分析与展示等功能。

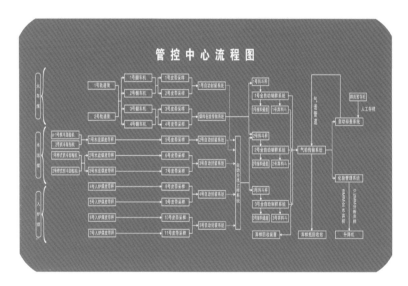

管控中心流程图

## 二、皮带煤流采样机

（1）采样设备各部件符合国家标准技术规范的要求，能满足采集样品的代表性；整机系统应每两年进行一次性能鉴定，合格后方可继续使用；采样方案每月进行一次评定。

（2）能够实现样品的自动封装，每批次样重自动上传燃料管理系统，与制样系统实现数据共享，满足入厂来煤采样智能化、信息化的需要。

（3）根据国家标准对采样子样数的要求，能够自动生成采样周期；具备批次归整功能并对煤样进行自动封装，整个收样环节无人工参与；待运送样品能够自动摆放到指定区域，避免煤样水分损失和交叉污染。

（4）采样设备各部件无明显煤粉泄漏，有封闭的弃料回收装置；煤样封装方式应适应传输和存储的技术要求，标识编码具有唯一性。

采样间

采样机

### 三、全自动制样机

（1）能够自动识别接受管控系统传送的煤样信息，具有自动除铁、输送、称重、破碎、缩分、干燥、清扫、自动封装标识、弃样回收或处理等功能，自动制备合格的全水分煤样、存查煤样及分析煤样。

（2）实现制样过程中各种粒度煤样的自动称重，不同煤样能自动标识和区分。具备数据自动采集、系统上传和存储功能，与气动管道运输、自动存查样系统、燃料管理系统形成有效连接。

（3）制样设备应设置可靠的除尘、通风装置，保证煤样不被二次污染。

（4）制样设备各部件无明显煤粉泄漏，有封闭的弃料回收装置，设备异常时具备实时报警提示功能。

（5）设备巡视、检修通道畅通，标示标牌清晰完整。整机系统每两年进行一次性能鉴定，合格后方可继续使用。

制样机

## 四、煤化验室

（1）煤化验室应进行有效隔离，安装门禁识别系统，严格控制人员进出，能自动识别接收煤样并对煤样信息保密。

（2）化验仪器数据具备自动上传功能，原始记录及报告自动上传燃料管理系统；能实时反映每项化验数据的仪器运行工况，发现异常数据能实现报警功能。

（3）煤化验室集中供气管路采用316不锈钢材质，配套减压阀，实现实验室仪器所用的氧气、氮气等的管道输送；对化验室废气进行集中排气，并达到国家相关空气质量标准要求。

（4）化验室工作台应具有防腐蚀、耐酸碱、耐磨、耐热、易清洁等特点，天平台面应设有水平检测装置，对高温设备应有防烫伤、防高温腐蚀等警示标志，量热室应设有温湿度检测装置，确保室内温湿度恒定。

（5）煤化验室内必须安装火灾报警系统，应急疏散通道畅通，标示清晰。

煤化验室

**五、煤样运送设施**

（1）制定车辆、煤样传送装置定期维护、检修及保养制度并严格执行。

（2）车辆灯光、转向、驱动、限速等安全性装置符合机动车安全驾驶要求。

（3）具备煤样桶自动装车、卸车或自动传送功能，实现煤样桶接、卸的一键式操作，能够与制样设备无人工干预地自动连接。

（4）行驶线路固定，全程 GPS 定位，具备车载录像功能。

运输车辆

煤样传送装置

## 六、智能采制化设备运行管理

（1）运行人员应掌握系统设备的技术要求，达到全能值班员的水平并经培训考试合格后持证上岗。

（2）系统数据查看、录入、修改等内容应有完善的分级权限管理，作业人员需实名登录操作系统，交接班后退出。

（3）交接班后按巡回检查制度中规定的检查内容进行检查，无漏项、错项。异常流程的操作须遵守先汇报后执行原则，设备缺陷造成的异常，必须经试验合格后才能投入正常使用。

取证上岗

取证上岗

取证上岗

# 第八章　应　急　管　理

**一、条形煤场自然发火应急处置**

（1）使用消防水对着火点进行灭火。当煤堆明火面积大且无法控制时应通知消防队灭火。

（2）对着火区域进行隔离。使用煤场消防水、水喷淋、冲洗水对着火区域周围煤堆进行隔离，对临近着火区域的斗轮机、输煤皮带等设备进行保护，防止发生次生灾害。

（3）对煤场设备进行疏散。将斗轮机开至远离着火区域的位置，停止相关设备运行，并将煤场挖掘机、推土机等车辆开至着火区域附近挡煤墙内的安全位置待命。

（4）煤堆明火扑灭后，用挖掘机、推土机等车辆对高温煤堆进行翻凉或倒垛，防止煤堆再次出现明火。

应急演练

### 二、圆形煤罐自然发火应急处置

（1）立即使用圆形煤罐环梁或堆取料机上的消防水炮将煤堆明火扑灭。如果是煤堆边上燃煤自燃，使用装载机将高温点全部铲出到罐内空地翻晾。

（2）人员进入圆形煤罐作业前应对圆形煤罐内有毒气体进行检测，合格后方可进入。作业人员应佩戴必要的安全防护装备（防尘口罩、正压式消防空气呼吸器等），作业车辆应保证空调正常使用，防止人员中暑。

（3）如果圆形煤罐内煤堆出现大面积明火，可能危及设备和人身安全，由消防队（佩戴专业防护装备）到现场进行灭火。

（4）降温处理后的煤堆尽快安排燃用，同时加强煤堆温度监测，避免再次出现高温。

应急处置

有毒气体监测仪

消防炮

正压式消防
空气呼吸器

应急处置

### 三、煤堆塌方应急处置

（1）根据预报天气情况及时安排煤堆遮盖防雨布，防止煤堆塌方。

（2）下雨期间组织对煤场积水进行疏通，保持煤场和排水沟排水畅通。

（3）使用煤场车辆从两侧向中间清理煤场通道积煤，防止塌方扩大。

（4）组织清理排水沟内积煤，必要时推扒机班使用挖掘机配合，挖掘机作业时必须安排专人监护。

（5）煤堆大面积塌方时应在斗轮堆取料机轨道面垛好煤包，避免塌方煤埋斗轮堆取料机轨道影响运行。

防雨布

煤包